MEMOIRE

SUR

# LES ENGRAIS EN GÉNÉRAL

ET

# SUR LE PHOSPHO-GUANO EN PARTICULIER

**Par J. A. BARRAL**

MEMBRE DE LA SOCIÉTÉ IMPÉRIALE ET CENTRALE D'AGRICULTURE EN FRANCE



---

CONSIGNATAIRES GÉNÉRAUX DU PHOSPHO-GUANO

POUR LA FRANCE, L'ITALIE, L'ESPAGNE ET LA SUISSE

MM. GALLET, LEFEBVRE & Cie

**8, boulevard Sébastopol. — Paris**

ET AU HAVRE

PARIS. — IMPRIMERIE DE DUBUISSON ET Cᵉ, 5, RUE COQ-HÉRON.

# MÉMOIRE

SUR

# LES ENGRAIS

EN GÉNÉRAL

ET

## SUR LE PHOSPHO-GUANO

EN PARTICULIER.

**Par J.-A. BARRAL,**

MEMBRE DE LA SOCIÉTÉ IMPÉRIALE ET CENTRALE D'AGRICULTURE DE FRANCE.

PARIS

IMPRIMERIE DE DUBUISSON ET C[e], 5, RUE COQ-HÉRON

1864

# MÉMOIRE

SUR

# LES ENGRAIS EN GÉNÉRAL

ET

## SUR LE PHOSPHO-GUANO EN PARTICULIER.

### I. — *Principes généraux.*

Il est reconnu aujourd'hui que les engrais ne doivent être envisagés que comme des compléments.

Ils sont compléments par rapport aux plantes qu'il s'agit de cultiver et par rapport aux éléments contenus dans le sol sous lequel les récoltes doivent être obtenues.

En d'autres termes, tout le monde s'accorde maintenant à admettre qu'il y a une relation étroite entre la composition des plantes et celle du milieu où elles se développent, et que, pour diriger la production végétale, il y a d'abord à rechercher quels sont les éléments dont une plante déterminée se compose principalement, et ensuite à reconnaître si ces éléments se rencontrent dans le sol où l'on veut récolter cette plante dans des proportions en rapport avec ses exigences. De cette étude il doit résulter nécessairement l'une de ces trois conséquences :

1° Certains éléments sont absents en totalité de la terre arable ;

2° Tous les éléments retrouvés dans un végétal par analyse existent dans le sol, mais ils n'occupent pas dans celui-ci le même ordre d'importance que dans celui-là ;

3° Le sol présente une composition en parfaite harmonie avec celle de la récolte qu'on veut lui demander de produire.

Il est évident que, dans le dernier cas seulement, l'homme n'a rien à faire que de confier à la terre la semence qui doit germer et fructifier, si d'ailleurs elle rencontre des conditions physiques favorables à son développement; dans les deux autres cas, le cultivateur a à pourvoir à ce qui manque à la terre arable; il le fait par des engrais convenablement choisis.

Pendant longtemps, l'agriculture consista simplement à rendre la couche arable superficielle légèrement meuble en la grattant plutôt qu'en la remuant profondément, à semer et à récolter. On reconnaissait que, dans un temps plus ou moins long, tout champ d'abord très-fertile cesserait de produire. On en concluait que la terre était alors fatiguée; on la laissait se reposer un nombre d'années plus ou moins grand, avant de revenir lui demander de nouvelles récoltes. De là, l'agriculture essentiellement nomade, à laquelle on doit cependant cette observation, que tels ou tels sols sont plus propres que d'autres à la culture de plantes déterminées.

Plus tard, on découvrit que les déjections du bétail favorisent singulièrement la production végétale, et le fumier fut inventé. On comprit que c'était un moyen de restituer au sol une partie au moins de la substance que les plantes y avaient puisée. L'agriculture put se fixer, fonder des villages et des villes vivant des produits de la terre et y trouvant l'objet d'un commerce important. Néanmoins, comme certaines terres ne pouvaient jamais porter de certaines récoltes, la spécialisation des sols pour telles ou telles cultures, spécialisation due à une volonté du Créateur ou à la nature, sans qu'on pût rien y changer, resta comme un fait hors de contestation. Comme aussi des sols qui avaient d'abord donné des récoltes précieuses cessaient de les fournir en égale abondance malgré les fumiers, la théorie de la nécessité du repos pour la mère nourricière de l'homme continua à être en honneur, à former une sorte d'article de foi agricole.

Une nouvelle conquête du cultivateur fut la découverte de l'action de la marne calcaire introduite dans quelques sols jusqu'alors impropres à la culture de certaines plantes et notamment à celle du froment. On commença à comprendre qu'il y avait des principes qui, manquant dans la terre, pouvaient y être introduits artificiellement pour guérir les sols argileux ou siliceux de leur inaptitude à donner des récoltes qu'on leur avait vainement demandées jusqu'alors. Les premières idées nettes sur le rôle des engrais commencèrent ainsi à poindre, mais elles restèrent longtemps obscures ou stationnaires, parce que quelques-uns suggérèrent que le calcaire ne faisait qu'amender le sol, et qu'il ne donnait pas un aliment aux plantes.

La découverte de l'action singulière du plâtre sur le trèfle et généralement sur ce qu'on a appelé les prairies artificielles, ébranla davantage les anciennes théories, en forçant à admettre comme évidente la propriété spéciale de certains corps d'exciter la végétation de certaines plantes. Mais il fallait, pour que la lumière se fît, les progrès de la chimie. Celle-ci ne put être appliquée aux choses de l'agriculture que dans les premières années de ce siècle, par quelques-uns des fondateurs de la science nouvelle, reposant enfin sur des bases ou des faits véritables et non plus sur des propriétés mystérieuses échappant à l'intelligence de l'homme et ayant la prétention de s'imposer et non pas de se démontrer.

Alors on commença par dénombrer les principes qui existent dans les végétaux, et on les sépara en deux classes : les principes dits organiques ou combustibles, et les principes minéraux ou restant à l'état de cendres après la combustion des plantes au contact de l'air.

On n'émit aucun doute sur l'origine de ces derniers ; ils étaient évidemment dus au sol arable. Seulement, il y avait à se demander s'ils étaient accidentels ou indispensables. Des analyses répétées sur des plantes venues dans les terres les plus diverses ne tardèrent pas à fixer l'opinion. On reconnut notamment que certains végétaux contenaient toujours de la potasse, quelques autres de la soude, tous de la chaux, mais en proportion plus ou moins grande selon les espèces, tous aussi de l'acide phosphorique, mais principalement les graines. Si par hasard un sol ne renfermait pas un de ces éléments, le végétal dont les cendres le contiennent généralement en grande quantité ne pouvait y prospérer. Ce fut là un trait caractéristique, qui illumina la science et la pratique. Seulement, comme c'est le propre de l'esprit humain, on exagéra le fait, et des hommes d'un génie cependant puissant n'hésitèrent pas à croire et à dire qu'il n'y a à s'occuper, pour obtenir des récoltes constamment abondantes, que de rendre à nos champs les substances minérales que les plantes leur enlèvent.

Mais les principes dits organiques ou combustibles qui disparaissent sous l'action du feu, c'est-à-dire d'une haute température en présence du contact de l'air, ne sont ils pas aussi empruntés à la terre? Ces principes sont essentiellement composés de carbone, d'hydrogène, d'oxygène et d'azote diversement combinés, c'est-à-dire de corps simples qui se trouvent dans l'air atmosphérique, à l'état isolé (oxygène et azote), ou bien à l'état de composés (l'hydrogène dans la vapeur d'eau, le carbone dans l'acide carbonique). De là cette conséquence passée à l'état d'axiome aux yeux de l'école allemande, qu'il n'y a pas lieu de s'occuper de restituer au sol arable ces divers principes, que les plantes emprunteraient en totalité à l'atmosphère. Mais en est-il vraiment ainsi? Des faits nombreux répondent négativement. On sait que les terres les plus fertiles sont celles qui renferment ce qu'on a appelé de l'humus, c'est-à-dire de la matière organique en décomposition et principalement des substances composées de carbone, d'hydrogène et d'oxygène. On a trouvé aussi que, dans l'air que contiennent les sols et sous-sols arables, il y a beaucoup plus d'acide carbonique que dans l'air atmosphérique. Enfin, la plupart des matières riches en azote exercent sur la végétation une puissante action et accroissent d'ordinaire les récoltes dans de fortes proportions. S'il est donc possible que les plantes se nourrissent de principes carbonés, hydrogénés, oxygénés et azotés plus ou moins dans l'atmosphère, il est néanmoins démontré qu'elles ne présentent le plus souvent une végétation luxuriante qu'autant que la terre renferme ces principes en abondance ou bien qu'on les ajoute au sol sous forme d'engrais.

Pour aller davantage au cœur de la question, M. Boussingault, et à sa suite des chimistes de tous les pays, instituèrent des expériences directes de plusieurs sortes. Dans les unes, on établit la balance entre les éléments du sol préalablement analysés et ceux de la totalité des récoltes; il en ressortit que les seuls éléments qui se sont présentés en grand excédant dans les végétaux produits par rapport au sol producteur, sont ceux carbonés, hydrogénés et oxygénés. D'autres expériences entreprises dans des atmosphères limitées sur des plantes semées dans des terrains également limités, ont fait voir que l'azote, du moins pour les céréales et quelques autres plantes sur lesquelles on a opéré, n'est jamais dans la récolte en quantité plus grande que celle contenue à la fois dans le sol et les semences. De là on a conclu que l'azote a été introduit généralement dans les végétaux par les racines; qu'il est pris directement au sol et aux engrais; que si, selon toutes les apparences, il provient originairement de l'atmosphère, il a dû préalablement se combiner avec d'autres corps et passer à l'état d'ammoniaque ou de nitrates, parce que les sels ammoniacaux et les nitrates exercent sur la végétation une influence toujours très marquée, et parce que aussi l'on a vérifié la facilité avec laquelle, sous l'action de l'air, se forment ces combinaisons, quand les circonstances sont favorables, ainsi que cela a lieu dans le sol arable bien labouré. En conséquence, l'école dite française a fait passer à l'état d'axiome qu'il fallait surtout estimer l'azote dans les engrais. Pendant quelques années, les tables d'équivalents des matières fertilisantes furent uniquement fondées sur les dosages en azote. On ne niait pas que les autres principes renfermés dans les matières fertilisantes ne fussent de quelque utilité, mais on disait que ces principes étaient généralement fournis aux plantes en quantité bien suffisante par la nature, que l'azote manquant généralement au contraire, il fallait s'occuper surtout de l'introduire dans les champs; qu'on devait enfin estimer la valeur des engrais d'après leur richesse en azote, parce que c'était l'élément le plus précieux.

Cependant des expériences nombreuses, incontestables, montraient que le phosphate de chaux exerçait une puissante action sur la végétation des sols de la Bretagne, et généralement de tous les sols non calcaires, nouvellement défrichés, riches en humus plus ou moins acide. D'un autre côté, le phosphore est un élément assez rare dans beaucoup de terrains, mais il se retrouve toujours dans les plantes, et on a constaté souvent une certaine proportionnalité entre son abondance dans la terre ou dans les engrais et la richesse des récoltes. De là on conclut qu'il y avait lieu de tenir compte de la quantité de phosphore existant dans les engrais, et on fit entrer le dosage de l'acide phosphorique pour une part proportionnelle à la valeur commerciale des phosphates dans l'évaluation des fumiers et des autres matières fertilisantes ; à côté de la table des équivalents des engrais fondée sur la détermination de l'azote, on en a placé une autre basée sur la détermination de l'acide phosphorique. Les agriculteurs furent avertis qu'ils devaient faire choix d'engrais plus spécialement azotés ou plus particulièremement phosphatés, selon la nature de leurs terres et aussi selon les résultats qu'ils se proposaient d'obtenir. Ce résultat important fut principalement dû aux travaux de MM. Boussingault et Payen

Des conclusions à peu près semblables, mais moins catégoriquement exprimées, furent prises en ce qui concerne la potasse, parce qu'il fut démontré par quelques expériences que des engrais riches en potasse produisaient d'excellents résultats sur certaines récoltes dans des terrains où cet alcali était d'ailleurs très rare.

En résumé, on est arrivé à estimer tout engrais en y recherchant par l'analyse chimique l'azote, qu'on compte à raison de 2 francs le kilogramme ; l'acide phosphorique, qu'on compte à 0 fr. 50 ; la potasse qu'on évalue à 1 fr., le reste n'étant compté qu'à raison de 0 fr. 02 le kilogramme.

Ce fut là un grand progrès, parce que l'agriculteur eut dès lors en main des moyens de discussion de nature à le guider, pourvu qu'il prît garde de ne pas attribuer aux renseignements approximatifs ainsi fournis par la chimie une signification trop absolue.

## II. — *De l'assimilation et de la solubilité.*

Les corps simples que présente la nature, et surtout ceux dont on reconnaît l'existence dans les végétaux, sont en bien petit nombre ; mais, d'un autre côté, les composés qu'ils peuvent former en se combinant deux à deux, trois à trois, quatre à quatre, dans les proportions les plus variées, sont en nombre presque indéfini. Qui songerait à dire que ces combinaisons, dont la multiplicité étonne non moins que la prodigieuse variété de leurs propriétés, ont, au point de vue des applications industrielles, la même valeur, parce que, dans le même poids de chacune, on trouverait, par exemple, la même quantité d'azote ?

Qui penserait pouvoir estimer des matières colorantes, par exemple, à la vue de leur composition élémentaire, en évaluant d'une manière fixe le prix de leur carbone, de leur azote, etc.? Ne faut-il pas surtout se préoccuper des qualités propres des composés? Eh bien, ce qui est vrai des composés employés dans l'industrie et dans les arts, n'est-il pas vrai également des engrais? Les plantes ne se nourrissent pas, après tout, de principes élémentaires; elles absorbent et s'assimilent des combinaisons et non pas des corps simples, et parmi les combinaisons qu'on met à leur disposition pour qu'elles les élaborent, il en est qu'elles devront préférer, il en est d'autres qui, probablement, devront rester complétement inactives sur la végétation. Ainsi la composition élémentaire des engrais ne peut donner qu'une première approximation de leur efficacité et, par suite, de leur valeur relative; il faut aller plus avant dans l'étude à peine ébauchée jusqu'à ce jour; il faut interroger les plantes et savoir interpréter leurs réponses, qui seront généralement complexes, parce qu'on ne pourra que bien rarement tomber sur des cas où l'interrogation elle-même n'aura présenté aucune équivoque, ou bien ne sera pas susceptible de plusieurs solutions.

Quand, par exemple, on emploie comme engrais le guano, auquel de ses principes peut-on attribuer l'efficacité? On y trouve, à la fois, plusieurs matières azotées, des sels alcalins, des phosphates. D'ailleurs, sa composition n'est pas constante et, par suite, ses effets seront variables, sans qu'on puisse bien savoir la liaison de la diversité de composition et de la diversité d'action. Le noir animal, les phosphates minéraux, le fumier de ferme lui-même sont dans le même cas. Et puis, les sols sont plus variés encore, tant au point de vue chimique qu'au point de vue physique. Les sous-sols et enfin les eaux souterraines apportent en outre d'autres éléments de perturbation dans les expériences.

Néanmoins, malgré toutes les difficultés de l'expérimentation, il est démontré, par les résultats des cultures, que les principes azotés et phosphatés produisent d'autant plus d'effet immédiat et sont par conséquent d'autant plus assimilables pour les plantes, qu'ils sont ramenés à un état de solubilité plus grand. Il n'y a de limite pratique à cette loi théorique, que la nécessité d'empêcher des causes accidentelles d'enlever au sol les principes solubles avant que les végétaux aient pu s'en saisir. Il faut aussi faire en sorte que les matériaux mis à la diposition des plantes en une seule fois ne leur soient cependant livrés que peu à peu, au fur et à mesure de leurs besoins. Il est bien entendu d'ailleurs que ni l'azote ni le phosphore ne seront engagés dans des combinaisons qui, bien loin d'être utiles, seraient au contraire des sortes de poison pour les végétaux. Enfin, le sol ne devra pas être pourvu en excès de l'élément fécondant qu'on voudra lui apporter par l'addition d'un engrais, ou bien d'une autre substance qui rendrait insoluble ou non assimilable, par suite de réactions chimiques faciles à prévoir par un homme de la science, tel ou tel principe contenu dans la matière fécondante employée.

Les Anglais ont été les premiers à entrer dans la voie nouvelle dont nous essayons de faire comprendre toute l'importance. Avant tous autres, ils ont tenu compte de la solubilité des principes azotés et phosphatés pour apprécier la valeur des engrais. Nous définirons justement l'école agronomique anglaise en disant qu'elle estime à un prix plus haut l'azote des engrais quand il est engagé sous forme de combinaisons ammoniacales ou de nitrates, et l'acide phosphorique quand il est combiné sous forme de sel soluble.

C'est sous l'influence de ces idées que les agronomes anglais on tenu avant tous ceux du reste de l'Europe, en haute estime le *guano*, ou *huano*, dont Alexandre de Humboldt signalait l'énergique puissance fertilisante au commencement de ce siècle, sans trouver alors autre chose que l'indifférence ou l'incrédulité. Le guano, en effet, contient plus de matières solubles, principalement ammoniacales, que tous les autres engrais ; mais il faut prendre garde cependant qu'il y a guano et guano.

En outre, les agronomes anglais ont les premiers proclamé que la solubilité des phosphates présente non moins d'intérêt que celle des principes azotés, parce qu'il n'y a pas de végétal qui ne contienne du phosphore et que, nous l'avons dit précédemment, il est en général en très petite quantité dans les terrains soumis à la culture. Aussi a-t-on cherché dans la Grande Bretagne, avant tout autre pays, à fournir aux plantes, par l'invention des superphosphates, du phosphore, ou, autrement dit, de l'acide phosphorique (32 de phosphore avec 40 d'oxygène = 72) qui fussent directement assimilables.

Le phosphore qu'on peut faire élaborer par les végétaux ne se présente en général que sous la forme de phosphate de chaux, mais on connaît trois phosphates calciques. Le plus ordinaire de ces phosphates est le phosphate tribasique, ou phosphate des os, qu'on rencontre aussi dans le sein de la terre sous la forme de coprolithes et sous celle de quelques autres minéraux, plus ou moins mélangé avec du phosphate de fer, des matières siliceuses et alumineuses et du carbonate de chaux ; il se trouve en outre dans le guano. Il a pour formule $PhO^5, 3\,CaO$, ou 72 d'acide phosphorique avec 84 de chaux = 156. Il est tout à fait insoluble dans l'eau pure, mais il se dissout peu à peu dans les acides et dans l'eau qui contient divers sels alcalins ou ammoniacaux.

Le second phosphate de chaux connu en chimie est le phosphate bibasique, qui a pour formule $PhO^5, 2\,CaO$, ou 72 d'acide phosphorique avec 56 de chaux = 128. Il n'est pas soluble dans l'eau pure, mais pour se dissoudre il exige moins d'acide ou moins de sels que le précédent.

Enfin vient le phosphate monobasique, que les chimistes agronomes anglais nomment ordinairement *biphosphate* ou phosphate acide de chaux. Il a pour formule $PhO^5$, $CaO$, ou 72 d'acide phosphorique avec 28 de chaux = **100.** Il est soluble dans l'eau.

Les deux derniers phosphates calciques contiennent, comme on le voit, pour la même quantité d'acide phosphorique, l'un le tiers, l'autre les deux tiers de la chaux renfermée dans le premier. On passe de celui-ci aux deux autres en enlevant la proportion de chaux nécessaire par une quantité d'acide suffisante, par exemple par 49 d'acide sulfurique concentré ou monohydraté pour obtenir le second, et 98 du même acide pour avoir le dernier, toujours contre 156 de phosphate tribasique ou des os. L'acide sulfurique fait alors du sulfate de chaux ou plâtre avec la chaux qu'il neutralise.

C'est sur cette théorie qu'est fondée la fabrication du superphosphate des Anglais. Ils traitent le phosphate des os où celui des coprolithes par plus ou moins d'acide sulfurique, qui donne du plâtre en se combinant avec une partie de la chaux de la matière, et laisse à côté de lui un phosphate moins calcaire; ils ont, en outre, généralement soin que de la matière organique et des sels divers soient en contact intime avec les molécules du produit.

Comme conséquence de cette théorie sur les phosphates moins calcaires que celui des os, les Anglais estiment à un plus haut prix l'acide phosphorique entré dans une combinaison chimique qui le rend facilement soluble, que l'acide phosphorique du phosphate ordinaire. Ils tiennent ainsi compte de la solubilité ou de la faculté d'être plus facilement assimilable. Pour le même dosage en acide phosphorique ou en azote, deux engrais sont payés à Londres à des prix très différents, selon le degré de la solubilité de leurs éléments. C'est là une notion nouvelle, qui n'a pas encore cours en France, mais qu'il nous paraît nécessaire de faire admettre. C'est elle qui a donné naissance au phospho-guano, sur lequel nous voulons appeler particulièrement l'attention, parce qu'il nous permettra de mieux faire comprendre l'évolution qu'accomplit aujourd'hui la chimie agricole.

### III. — *Des conditions de l'assimilation des engrais dans la terre. — Expériences de vérification.*

Nous venons de le dire, une des conditions essentielles de l'efficacité de toutes les matières fertilisantes, c'est qu'elles soient assimilables pour les végétaux dans un temps convenable ou, en d'autres termes, qu'elles soient douées d'une solubilité suffisante pour se présenter aux racines, de manière à entrer à propos dans le tissu végétal, à faire partie des sucs qui constitueront la séve. Si la solubilité est très faible, la matière fertilisante ne sera absorbée ou assimilée que dans un temps très long, et, chaque année, en quantités si petites, que l'effet de l'engrais paraîtra presque nul, et ne payera pas la rente du capital représentant son prix d'achat et les frais de son transport, de son épandage et de son enfouissement.

Il ne faut pas compter d'une manière générale sur les propriétés dissolvantes des sols arables par rapport aux engrais. Cette propriété dissolvante est réelle pour les terrains nouvellement défrichés de l'ouest et du centre de la France, où le noir animal et tous les autres phosphates peuvent, en conséquence, produire beaucoup d'effet. Mais, ainsi que M. Moll et moi nous l'avons constaté et expliqué il y a douze ans, il suffit de mélanger à la terre une substance neutralisante de ses propriétés acides, de la chaux ou de la cendre, par exemple, pour que l'action du noir animal et des phosphates fossiles soit réduite à néant.

Voici un autre fait qui démontre qu'une certaine association des matières qui composent les engrais est indispensable pour assurer leur efficacité. Dans les terrains qui contiennent du calcaire, le noir animal pur ne donne aucun résultat ; au contraire, le noir des raffineries, qui contient du sang et des matières albumineuses, est assez actif, mais il l'est moins que les râpures d'os ou les os concassés, à dosages égaux de matières azotées.

Dans la Grande-Bretagne, on a remarqué, depuis une vingtaine d'années, que les os seuls ou le phosphate de chaux naturel ne produisent que des effets peu sensibles, mais qu'au contraire les cendres d'os rendues solubles exercent une action très notable, laquelle devient beaucoup plus énergique si, à la matière minérale on incorpore intimement de la matière organique azotée, ou des sels alcalins ou ammoniacaux. De là est venue, avons nous déjà vu, la fabrication des superphosphates, qui a pris tant d'extension en Angleterre.

D'un autre côté, tout le monde sait les excellents effets que donne le guano quand il est répandu en couverture par un temps convenable, alors qu'une humidité suffisante, mais non très grande, peut en amener la dissolution et répandre ses principes dans toutes les parties du sol accessibles aux racines des plantes. Si le guano a été semé par un temps sec et qu'il n'y ait que du soleil ou du vent pendant plusieurs jours, on n'en obtient absolument aucun effet. Que conclure de ce résultat, si ce n'est que l'action de l'air sec et de la lumière détruit ou dissipe, ou altère certains éléments qui cessent d'être assimilables immédiatement ? L'addition du sel ordinaire, sans doute du sel principalement mélangé de chlorure de magnésium, et, pour ce fait, plus hygrométrique, conserve, dans une certaine mesure, ainsi que nous l'avons les premiers démontré, l'action fécondante du guano, et démontre encore l'importance ou la convenance de certains rapports à maintenir entre les éléments d'un engrais. S'il survient, après l'épandage du guano, une pluie prolongée, qui entraîne ses éléments trop solubles et le décompose, son efficacité est également paralysée. Deux causes contraires amènent ainsi l'inertie de l'engrais, et réduisent à néant les efforts et les espérances du cultivateur.

En d'autres termes, la richesse absolue en matières azotées et en matières phosphatées n'est pas suffisante pour rendre compte des effets qu'on doit attendre d'un engrais ; ce n'est qu'une première approximation, dont l'adoption a été un grand service rendu par la science à la pratique ; mais il faut maintenant chercher quelles sont les espèces particulières de matières azotées ou phosphatées que contient toute substance fertilisante et voir s'il y a un rapport convenable entre les unes et les autres.

Si, par exemple, les matières azotées dominent, ainsi que l'a remarqué M. Liebig, l'effet de l'engrais se manifestera par une luxuriante pousse des feuilles, par une abondante récolte de paille ; mais on n'obtiendra pas des grains en proportion.

L'emploi des engrais liquides provenant des vidanges des villes a prouvé depuis longtemps la vérité de ce principe ; il donne de l'herbe, il n'est pas avantageux pour la production du blé.

Le guano péruvien lui-même, qui produit dans presque tous les sols des effets énergiques, mais peu durables, et souvent contrariés par les circonstances météorologiques, présente un trop grand excès de matières azotées susceptibles de se transformer en ammoniaque, eu égard aux substances minérales assimilables, et notamment au phosphate de chaux. De là vient que l'emploi répété du guano dans une terre amène une sorte de stérilité que les fermiers anglais appellent *maladie du guano,* et qu'on ne peut combattre que par l'usage de matières minérales convenables. Et, en effet, quand à un sol on ajoute des matières ammoniacales, elles forment, avec les éléments de ce sol, une combinaison d'où la plante tirera plus tard sa nourriture ; mais si ces matières ammoniacales deviennent excessives par rapport aux éléments minéraux assimilables, il résulte de leur emploi une sorte de stérilité au lieu d'un accroissement de fertilité. Aussi, on comprend que M. Lawson, le célèbre et justement estimé marchand grainetier d'Edinburgh, puisse donner ce qu'il appelle le phospho-guano comme préférable au guano du Pérou, à cause de la plus grande solubilité du phosphate que ce nouvel engrais contient, et en raison de la meilleure combinaison des divers éléments qui le composent, ainsi que nous le verrons plus loin.

L'acide carbonique provenant de l'air ou de l'oxydation de l'humus de la couche arable, se dissolvant dans l'eau pour pénétrer dans la séve des plantes, a la propriété bien connue de rendre soluble le carbonate de chaux en le transformant en bicarbonate ; de même, cet acide carbonique, dissous dans l'eau, peut enlever au phosphate de chaux insoluble des os (phosphate tribasique) une partie de sa chaux pour faire du bicarbonate de chaux et laisser un phosphate de chaux doué de solubilité parce qu'il contient une moins forte proportion de chaux, parce qu'il n'est plus que bibasique ou monobasique. Si un sol contient à la fois du carbonate de chaux et du phosphate tribasique, il arrivera le plus souvent que l'acide carbonique de la séve n'attaquera que le premier composé. Quelquefois même, eût-on mis dans le sol du phosphate soluble, même de l'acide phosphorique pur, ainsi que l'a fait un habile chimiste agronome du département du Nord, M. Corenwinder, on ne constatera aucun avantage, aucun excédant de récolte; le carbonate de chaux gardera une action prédominante; il neutralisera l'action des phosphates; il se dissoudra seul dans la séve circulant des racines dans tout le végétal. Mais si de la matière organique a été à l'avance incorporée convenablement au phosphate, les choses pourront se passer autrement, même dans un sol calcaire. A l'endroit où les racines de la plante suceront leur aliment, la transformation de la matière organique entraînera immédiatement la dissolution du phosphate en contact intime avec elle, et l'action fécondante du phosphate se produira.

Ainsi, on comprend comment du phosphate seul ne donne aucun effet, tandis qu'un phosphate combiné avec des matières organiques azotées et en proportion convenable sera doué d'une énergique efficacité. On conçoit encore, en vertu des mêmes principes, comment du phosphate déjà soluble, intimement incorporé, dans de justes doses, avec des matières organiques transformables partiellement en ammoniaque, sera plus avantageux à employer que du guano du Pérou et des sels ammoniacaux, ou bien que du phosphate tribasique pur.

Il est bien entendu que, dans la pratique, les faits que nous exposons ne seront vérifiés, dans tous leurs détails, qu'autant que les conditions dans lesquelles la végétation s'accomplira seront celles qui conviennent aux récoltes à obtenir; des accidents météorologiques, un retard dans l'époque des semailles ou dans celle de la moisson, une sécheresse exceptionnelle ou des pluies extraordinaires peuvent compromettre le succès, et, frappant inégalement sur des champs qui se touchent, faire disparaître la possibilité d'une comparaison absolument juste. Mais, cette réserve faite, la pratique prouve que la solubilité d'une part, et la bonne combinaison des éléments des engrais d'autre part, jouent un rôle qui peut balancer et même renverser les effets qu'on pourrait attendre de la théorie uniquement basée sur la proportionnalité de l'action fécondante et de la richesse en azote ou en acide phosphorique. Voici, à l'appui de cette conclusion des expériences, démonstratives faites en 1859 sur les terres de l'Ecole d'agriculture de Cirencester, en

Angleterre. Il s'agit de navets de Suède récoltés sur des parcelles de terre juxtaposées.

| Nos des expériences. | Nature et quantité d'engrais par hectare. | Produits par hectare. | Accroissement par hectare par rapport à la parcelle sans engrais. | Azote total de l'engrais employé. | Acide phosphorique total de l'engrais employé. |
|---|---|---|---|---|---|
| | | kil. | kil. | kil. | kil. |
| 1. | 38,085 kil. de fumier de ferme | 47,062 | 9,702 | 228.5 | 182.8 |
| 2. | 38,085 kil. de fumier de ferme et 254 kil. de superphosphate | 44,025 | 6,665 | 229.4 | 233.6 |
| 3. | 380 kil. de superphosphate | 44,645 | 7,285 | 1.2 | 76.0 |
| 4. | 127 kil. de superphosphate | 44,025 | 6,665 | 0.9 | 25.4 |
| 5. | 304k8 de superphosphate | 53,692 | 16,332 | 1.0 | 61.0 |
| 6. | 380 kil. de gypse (sulfate de chaux hydraté) | 42,440 | 5,080 | 0.0 | 0.0 |
| 7. | 254 kil. de superphosphate et 127 kil. de guano du Pérou | 47,155 | 9,795 | 19.5 | 66.0 |
| 8. | 380 kil. de guano du Pérou | 47,947 | 10,587 | 54 6 | 45.6 |
| 9. | 127 kil. de sulfate d'ammoniaque | 40,352 | 2,992 | 26.7 | 0.0 |
| 10. | *Pas d'engrais* | 37,360 | » | » | » |
| 11. | 380 kil. de poudre d'os fine | 46,925 | 9,565 | 13.7 | 103.7 |
| 12. | 254 kil. de sulfate d'ammoniaque | 42,892 | 5,532 | 53.3 | 0.0 |
| 13. | 388 kil. d'engrais pour turneps | 50,962 | 13,602 | 21.8 | 49 4 |
| 14. | 127 kil. de nitrate de soude. | 47,130 | 9,770 | 20.8 | 0.0 |
| 15. | 762 kil. d'engrais pour turneps | 51,687 | 14,327 | 43.7 | 99.1 |
| 16. | 380 kil. de sel ordinaire | 40,150 | 2,790 | 0.0 | 0.0 |
| 17. | 380 kil. de cendres d'os dissoutes | 52,775 | 15,415 | 0.0 | 63.5 |
| 18. | 380 kil. de cendres d'os dissoutes et 127 kil. de sulfate d'ammoniaque | 51,665 | 14,305 | 26.7 | 63.5 |
| 19. | 380 kil. de sulfate de potasse | 43,230 | 5,870 | 0.0 | 0 0 |
| 20. | 380 kil. de cendres d'os dissoutes et 127 kil. de nitrate de soude | 53,387 | 16,027 | 20.8 | 63.5 |
| 21. | 38,085 kil. de fumier de ferme et 380 kil. de superphosphate | 43,982 | 6,622 | 129.7 | 258.8 |
| 22. | 38,085 kil. de fumier de ferme et 380 kil. de superphosphate | 45,475 | 8,115 | 129.7 | 258.8 |

Il est bien évident, d'après ce tableau, qu'il n'y a eu ici aucune proportionnalité entre les rendements de la terre et les richesses en azote ou en acide phosphorique de l'engrais. L'explication de l'efficacité plus ou moins grande des engrais doit être cherchée dans l'association des principes immédiats et non pas dans les doses des éléments simples, quoiqu'il soit certain que des matières qui ne contiennent ni azote ni acide phosphorique exercent généralement peu d'action.

L'autre série d'expériences qui suit conduit à des conséquences analogues. Elle a été faite en 1860 par M. Campbell, dans le comté d'Ayr, en Écosse; elle porte également sur des navets de Suède.

| Nos des expériences. | Nature et quantité d'engrais employé par hectare. | Produits par hectare. | Accroissement par hectare par rapport à la moyenne des parcelles sans engrais. | Azote total de l'engrais employé. | Acide phosphorique total de l'engrais employé. |
|---|---|---|---|---|---|
| — | — | — | — | — | — |
| | | kil. | kil. | kil. | kil. |
| 1. | *Pas d'engrais*.............. | 43,163 | » | » | » |
| 2. | 190 kil. de sulfate d'ammoniaque.................. | 47,942 | 6,050 | 39.9 | 0.0 |
| 3. | 380 kil. de sulfate d'ammoniaque.................. | 53,002 | 11,110 | 79.8 | 0.0 |
| 4. | 254 kil. de sulfate d'ammoniaque et 254 kil. de cendre d'os rendue soluble...... | 66,440 | 24,543 | 53.3 | 32.4 |
| 5. | 635 kil. de cendre d'os rendue soluble............ | 67,964 | 26,082 | 0.0 | 106.0 |
| 6. | 635 kil. de poudre d'os rendue soluble............. | 63,111 | 21,219 | 0.0 | 106.0 |
| 7 | 889 kil. de cendre d'os rendue soluble............ | 63,385 | 21,493 | 0 0 | 148.5 |
| 8. | 380 kil. de cendre d'os rendue soluble............ | 60,936 | 19,044 | 0.0 | 63.5 |
| 9. | 1,270 kil. de cendre d'os rendue soluble............ | 62.300 | 20,408 | 0 0 | 212.1 |
| 10. | 762 kil. de *phospho-guano*.... | 76,966 | 35,074 | 19.3 | 114.2 |
| 11. | *Pas d'engrais*.............. | 40,622 | » | » | » |
| 12. | 762 kil. de guano du Pérou.. | 80,000 | 38,108 | 111.2 | 91.4 |
| 13. | 1,397 kil. de poudre d'os rendue soluble.......... | 77,258 | 35,366 | 233.3 | 0.0 |

On voit notamment par les expériences 10 et 12 de ce tableau que le *phospho-guano*, qui contient peu d'azote, a agi presque aussi énergiquement que le guano du Pérou, dosant six fois plus d'azote, mais plus de cinq fois moins d'acide phosphorique soluble.

Il est donc bien évident que la solubilité et principalement celle des phosphates a la plus grande efficacité sur les résultats à attendre des engrais. Les autres expériences qui suivent, faites par M. Vœleker, le savant chimiste de la Société d'agriculture d'Angleterre, sur des turneps, rendront le fait plus saillant encore :

| Nos des expériences. | Nature et quantité d'engrais employés par hectare. | Produits par hectare. | Accroissement par hectare par rapport à la moyenne des parcelles sans engrais. | Azote total de l'engrais employé. | Acide phosphorique total de l'engrais employé. |
|---|---|---|---|---|---|
| — | — | — | — | — | — |
| | | kil. | kil. | kil. | kil. |
| 1. | 380 kil. de guano du Pérou.. | 22,633 | 5,911 | 54.6 | 45.6 |
| 2. | 190 kil de phospho-guano.. | 22,730 | 6,008 | 3.8 | 29.7 |
| 3. | 380 kil. de phospho-guano.. | 26,126 | 9,404 | 9.7 | 60.4 |
| 4. | 190 kil. de sulfate d'ammoniaque.................. | 13,480 | » | 39.9 | 0.0 |
| 5. | Pas d'engrais.............. | 16,722 | » | » | » |

On voit encore que le sulfate d'ammoniaque paraît nuisible aux récoltes de racines, et que le phospho-guano, dans lequel nous allons constater une forte proportion de phosphates solubles, leur est au contraire éminemment favorable. Des résultats analogues et également décisifs ont été obtenus pour des pommes de terre, des betteraves, des herbages, des fèves, de l'avoine.

## IV. — *Le phospho-guano.*

Le phospho-guano présente un exemple très net d'un engrais qui, beaucoup moins azoté que le guano du Pérou, mais beaucoup plus riche en acide phosphorique total que celui-ci, agit cependant avec une énergie au moins égale sur la végétation. Nous devons nous y arrêter d'une manière toute particulière. Voyons d'abord sa composition.

Le phospho-guano, d'abord appelé guano phospho-péruvien, est tiré d'après une note du docteur Cameron, professeur de chimie à Dublin, de roches qui se trouvent former des récifs autour d'îlots sous les tropiques; il se présente en masses denses, formées de couches concentriques, qui, dit-on, ont une composition parfaitement constante. Est-il, après son extraction, soumis à quelque manipulation spéciale? C'est ce que nous croyons, sans pouvoir donner de détails sur le fait et lui-même, M. Peter Lawson, qui l'a mis dans le commerce et en a cédé la vente pour la France à MM. Gallet Lefebvre et C^e, ne s'explique pas à ce sujet, mais il déclare qu'il a une composition constante et qu'il est caractérisé par la très grande proportion de phosphates solubles qu'il contient, combinée avec de l'ammoniaque en quantité suffisante pour le besoin des plantes. Cette affirmation a été contrôlée par un très grand nombre de chimistes qui sont tous arrivés à des résultats concordants, quoique ayant opéré sur des échantillons prélevés sur des phospho-guanos d'époques très différentes.

En 1862, nous avons reçu un échantillon de phospho-guano des mains de M. Lawson, et nous lui avons trouvé la composition suivante :

| | |
|---|---|
| Eau | 11 71 |
| Matières organiques azotées | 14.20 |
| Acide phosphorique à l'état soluble correspondant à 24.53 de phosphate des os | 11.29 |
| Acide phosphorique à l'état insoluble correspondant à 10.68 de phosphate des os | 4.89 |
| Acide sulfurique | 29.46 |
| Silice | 2.33 |
| Chaux | 23.10 |
| Magnésie | 0.18 |
| Potasse et soude | 0.39 |
| Ammoniaque toute formée | 0 30 |
| Chlore, oxyde de fer et perte | 2.19 |
| Total | 100.00 |

Azote total 2.19 °/° correspondant à 3.05 d'ammoniaque.

Nous avons fait connaître cette analyse dans le *Journal d'Agriculture pratique*. (T. I, de 1862, p. 612, n° du 5 juin).

En traitant le phospho-guano par l'eau chaude, de manière à déterminer la proportion immédiatement soluble, nous avons obtenu les résultats suivants :

| | |
|---|---|
| Eau | 11.71 |
| Matières organiques et sels ammoniacaux | 15.16 |
| Matières minérales facilement solubles dans l'eau pure | 23.74 |
| Matières minérales difficilement solubles ou insolubles dans l'eau pure | 49.39 |
| Total | 100.00 |

Nous avons, en 1862, conclu de cette analyse :

« Nous ne croyons pas qu'il existe un autre engrais contenant de pareilles proportions de matières solubles à la fois azotées et phosphatées, et disposées de manière à être assimilées par les plantes. A ce point de vue, le guano phospho-péruvien est tout à fait digne d'attention. »

Depuis 1862, le phospho-guano a été successivement analysé en France par MM. Malaguti, Bobierre, Houzeau, qui sont arrivés à la même conclusion que nous. Seulement, il nous paraît que la quantité de phosphate soluble est maintenant notablement plus forte qu'à l'origine. Cette modification serait une amélioration.

M. Malaguti a trouvé les résultats suivants :

| | Humide | Desséché 100° |
|---|---|---|
| Substances organiques azotées | 17.50 | 19.02 |
| Eau | 8.00 | » |
| Phosphate de chaux soluble | 20.00 | 21.73 |
| Phosphate de chaux insoluble associé à un peu de phosphate de fer et de phosphate de magnésie | 11.20 | 12.17 |
| Silice, en partie gélatineuse | 2.50 | 2.71 |
| Sels solubles à base de potasse, de soude, de magnésie, d'ammoniaque | 3.87 | 4.20 |
| Sulfate de chaux | 36.93 | 40.17 |
| | 100.00 | 100.00 |
| Azote dont une partie à l'état d'ammoniaque | 2.70 | 2.93 |

M. Malaguti a ajouté à son analyse cette considération : « Je m'abstiendrai de comparer cet engrais avec le bon guano du Pérou, puisque celui-ci est un agent essentiellement azoté, tandis que l'autre est un agent principalement phosphaté. Néanmoins, il faut reconnaître qu'il n'y a pas à hésiter, quand il s'agira de *cultures granifères*, entre un engrais comme le Guano du Pérou, qui pousse au développement des feuilles, à cause de son azote, et un autre engrais comme le phospho-guano, qui, à cause de ses phosphates solubles, doit principalement favoriser le développement des graines. »

M. Bobierre, de Nantes, a obtenu de son côté les résultats suivants :

| | | Somme des phosphates |
|---|---|---|
| Humidité | 10.60 | |
| Matières organiques et sels ammoniacaux | 13.68 | |
| Sable | 2.50 | |
| Matières solubles composées de sels alcalins, acide sulfurique en excès et phosphate acide de chaux | 27.00 | — |
| (L'acide phosphorique de ces matières solubles équivaut en phosphate de chaux des os, à | » | 31.73) |
| Phosphate de chaux des os | 8.94 | 8.94 |
| Sulfate de chaux | 37.28 | 40.67 |
| | 100.00 | |

Azote, 2.68 p. 0/0

Enfin, M. Houzeau, de Rouen, a trouvé :

| | | Phosphate des os |
|---|---|---|
| Eau | 11.82 | — |
| Silice et matières minérales insolubles dans les acides. | 4.10 | |
| Phosphate de chaux soluble (Ca O, ²KO, P⁴O⁵) | 21.31 | 24.39 |
| Phosphate de chaux insoluble uni à du phosphate de fer et de magnésie | 11.88 | 11.88 |
| | | 36.27 |
| Sulfate de potasse; — de soude; — d'ammoniaque, représentant 2.74 d'ammoniaque; — de chaux (en grande quantité); Acide sulfurique libre; Matières organiques azotées | 50.85 | |
| Nitrate de potasse | 0.04 | |
| | 100.00 | |

| | |
|---|---|
| Azote à l'état d'ammoniaque o/o | 2.260 |
| — de nitrate de potasse | 0.005 |
| — de matière organique | 0.330 |
| | 2.595 |

En Allemagne, M. Liebig s'est occupé à plusieurs reprises du phospho-guano ; il s'est attaché à le comparer au guano du Pérou, et il n'a pas hésité, dans la note suivante, à le considérer comme supérieur à ce dernier :

« 1. Le mot « *Guano* » n'indique pas un produit de qualité et de composition déterminées, mais au contraire un composé de choses très dissemblables, identiques toutefois dans leur origine et qui servent à atteindre le même but. Le mot *Guano* ou plutôt *Huano* (de Huanu) signifie dans le langage des Incas *Fumier* ou *Engrais*.

» 2. Je connais parfaitement l'engrais désigné sous le nom de Phospho-Guano.

» 3. En 1860, j'ai analysé plusieurs échantillons de Phospho-Guano prélevés à de longs intervalles ; il était désigné alors sous le nom de Guano Phospho-Péruvien.

» Au mois de mai de la même année, j'ai publié, dans le *Journal de la Société d'agriculture de Bavière,* le résultat de mes analyses et mon opinion sur la grande valeur que j'attribuais à cet engrais pour l'agriculture, recommandant aux fermiers de l'Allemagne d'en faire l'essai, prévoyant qu'il donnerait de meilleurs résultats qu'aucun autre engrais.

» 4. Au mois de juillet 1863, je recevais du docteur Auguste Voelcker, chimiste consultant de la Société royale d'agriculture d'Angleterre, un échantillon de Phospho-Guano avec le certificat qu'il avait été prélevé par lui-même sur des tas d'environ 10,000 tonnes, et en même temps je recevais du docteur Thomas Anderson, chimiste consultant de la Société d'agriculture d'Écosse, quatre échantillons de Phospho-Guano prélevés par lui, sous certificats, sur une quantité d'environ 10.000 tonnes.

» 5. J'ai analysé avec le plus grand soin les quatre échantillons reçus du docteur Anderson et celui du docteur Voelcker. J'ai trouvé la composition suivante :

| Sur 100 parties | Echantillons du Dr Anderson. | | | | Echantillon du Dr Voelcker. |
|---|---|---|---|---|---|
| — | No 1. | No 2. | No 3 | No 4. | No 5. |
| Acide phosphorique........ | 19.451 | 18.275 | 19.203 | 21.613 | 19.144 |
| (Contenant acide phosphorique soluble)........... | (16.945) | (17.728) | (17.728) | (20.795) | (17.04) |
| Ammoniaque............... | 3.314 | 3.420 | 3.385 | 3.515 | 3.410 |
| Potasse...... ............. | 0.327 | 0.250 | 0.250 | 0.165 | 0.250 |

» 6. Pour l'homme de science, il n'est pas sans intérêt de savoir que le Guano qui forme la base de la composition du Phospho-Guano renferme de la potasse; c'est une circonstance qui le distingue matériellement des phosphates de l'Estramadure, d'Amberg, etc., qui sont d'origine minérale et ne proviennent pas de dépôts de Guano. Dans l'échantillon de Phospho-Guano brut (tel qu'il est importé), qui m'a été envoyé par le docteur Voelcker, j'ai trouvé 0.799 p. 0/0 de potasse.

» 7. Je connais parfaitement l'engrais appelé Guano du Pérou, m'étant occupé pendant plusieurs années à en étudier la nature, son action sur le sol et ses effets sur les récoltes.

» 8. Le professeur Way, qui a analysé 78 échantillons de Guano du Pérou, a trouvé sur 100 parties :

| | Moyenne. | Au plus bas. | Au plus haut. |
|---|---|---|---|
| | — | — | — |
| Phosphate de chaux........................ | 22.78 | 10.07 | 28.65 |
| Matières organiques et sels ammoniacaux.... | 52.05 | 45.17 | 59.00 |
| (Contenant azote).................. ..... | (13.61) | (11.17) | (17.08) |

Ma propre expérience me permet de certifier la rectitude de ces analyses et je trouve une moyenne de **10 à 12 p. 0/0** d'acide phosphorique et 0.6 p. 0/0 de potasse dans le Guano du Pérou.

» 9. La quantité d'azote que renferme le Guano du Pérou ne correspond pas à son équivalent d'ammoniaque, le plus riche en ammoniaque contenant rarement plus de 7 p. 0/0 ; le reste d'azote est sous forme d'acide urique, exalique, etc., qui n'ont aucune action connue sur la végétation.

» 10. Le Guano du Pérou diffère complétement du Phospho-Guano par la couleur, l'odeur et surtout par l'aspect général. Pour quiconque a vu une seule fois du Phospho-Guano, il est impossible de le confondre avec le Guano du Pérou.

» 11. Le Guano du Pérou se distingue d'ailleurs chimiquement des autres Guanos par les deux composants : l'acide oxalique et l'acide urique ; comme ceux-ci s'y trouvent toujours et qu'au contraire on ne les rencontre jamais dans les autres Guanos, il est impossible de confondre d'autres Guanos avec celui du Pérou.

» 12. Des recherches minutieuses ont prouvé récemment que l'acide oxalique participait à l'efficacité du Guano du Pérou, en ce sens qu'il rendait soluble une partie de l'acide phosphorique qui ainsi devenait plus assimilable.

» Le Guano du Pérou produit par conséquent un effet baaucoup plus prompt que les autres Guanos, et la faveur dont il jouit dans l'agriculture est entièrement due à la prompte dissolution de son acide phosphorique.

» 13. Les effets qui sont produits par l'acide oxalique du Guano du Pérou sont beaucoup mieux obtenus par l'acide sulfurique que renferme le Phospho-Guano.

» 14. Il est donc possible de faire un mélange de phosphates solubles de Guano avec des sels ammoniacaux dans des proportions meilleures et plus efficaces que celles qui existent dans le Guano du Pérou, ainsi que le prouve la composition du Phospho-Guano.

» 15. Les opinions tendant à établir les causes de l'efficacité du Guano ont été longtemps divisées. On pensait d'abord que son efficacité provenait de l'ammoniaque ou des parties azotées qu'il renferme, et c'est pour cette raison que le Guano du Pérou, étant plus riche en azote, prévalut sur les autres sortes qui sont moins riches en éléments de cette nature.

» 16. L'expérience acquise en Angleterre, en Allemagne et d'autres contrées a maintenant prouvé que c'était une erreur de croire que l'efficacité du Guano du Pérou résultait surtout de l'azote qu'il renferme. Au contraire, la majeure partie des terres qui ont reçu le Guano du Pérou ont servi à démontrer que cet engrais apporte beaucoup trop d'azote et que cet excès d'azote nuit à la terre et la rend impropre à la culture des navets et des plantes fourragères. Beaucoup d'agriculteurs qui, au commencement, considéraient le Guano du Pérou comme le meilleur des engrais ne l'emploient plus ; d'autres ne l'emploient qu'en petites quantités.

» 17. L'expérience nous a appris, au contraire, à estimer davantage les engrais riches en acide phosphorique comme l'est le Phospho-Guano. La pratique a prouvé qu'ils sont nécessaires pour rendre à la terre la force qu'elle a perdue et pour augmenter les récoltes. Leur effet est certain et les champs dans lesquels on les emploie sont améliorés pour longtemps. Partant de ce point, on peut se faire maintenant, je le pense, une idée exacte de la valeur du Phospho-Guano.

» 18. Depuis longtemps, beaucoup d'agriculteurs emploient avec succès un mélange de Guano du Pérou et d'acide sulfurique, mais un mélange de superphosphate de chaux et de guano du Pérou a été trouvé bien meilleur et plus efficace ; cependant la valeur de ce mélange est de bien loin dépassée par le Phospho-Guano.

» 19. Un pareil mélange par parties égales, c'est-à-dire 50 parties de Guano du Pérou avec 50 parties de superphosphate de chaux ( renfermant 20 p. 0/0 en tout d'acide sulfurique) contient :

| | | |
|---|---|---|
| dans les 50 parties de guano du Pérou.......... | 3.5 | ammoniaque. |
| | 0.3 | potasse. |
| | 5.5 | acide phosphorique. |
| dans les 50 parties du superphosphate de chaux.. | 10.0 | dito. |
| Total d'acide phosphorique....... | 15.5 | |

» La moyenne des analyses du Phospho-Guano, indiquée § 5, démontre que cet engrais renferme dans 100 parties :

| | Phospho-Guano. | Mélange par parties égales du guano du Pérou et de superphosphate de chaux. |
|---|---|---|
| Total d'acide phosphorique......... | 19.537* | 15.5 |
| Ammoniaque...................... | 3.409 | 3.5 |
| Potasse......................... | 0.240 | 0.3 |

* Correspondant à phosphate des os 42.3.

» 20. Ces exemples démontrent que dans 100 parties de Phospho-Guano, l'agriculteur donnera à sa terre 26 p. 0/0 d'acide phosphorique *de plus* qu'avec le mélange indiqué ci-dessus du Guano du Pérou avec du superphosphate de chaux par parties égales. L'avantage au point de vue de l'amélioration du sol est encore plus en faveur du Phospho-Guano, si on prend en considération la quantité d'acide phosphorique *soluble* qu'il renferme.

» 21. Le superphosphate de chaux du commerce contient rarement plus de 12 p. 0/0 et la majorité de celui qui est vendu en Angleterre ne renferme pas plus de 10 p. 0/0 d'acide phosphorique à l'état soluble. La quantité moyenne de l'acide phosphorique soluble que renferme le Guano du Pérou n'excède pas 3 p. 0/0.

» 22. Dans un mélange de Guano du Pérou et de superphosphate de chaux, il y en a :

| | | |
|---|---|---|
| Dans les 50 parties du Guano du Pérou ............... | 1.5 | |
| Dans les 50 parties de superphosphate ............... | 6.0 | |
| Total d'acide phosphorique.... | 7.5 | à l'état soluble. |

» 23. Dans 100 parties de Phospho-Guano, il y en a 19,537 (moyenne des analyses mentionnées § 5) d'acide phosphorique, dont 18,027 sont solubles.

» 24. En conséquence, le Phospho-Guano contient plus du *double* d'acide phosphorique *soluble* qu'un mélange fait par moitié de Guano du Pérou et de superphosphate de chaux, ce qui prouve, comme je l'ai déjà dit, la haute valeur du Phospho-Guano.

» 25. Je n'ai jamais vu un engrais qui, eu égard aux excellentes proportions de sa composition et à l'abondance des parties efficacement *solubles* qu'il renferme, puisse être comparé au Phospho-Guano.

» 26. Le Phospho-Guano, par sa composition parfaite et régulière, surpasse très certainement *les meilleures qualités* du Guano du Pérou, et son *efficacité toute supérieure* ne peut laisser aucun doute. »

Un grand nombre de chimistes anglais se sont occupés du Phospho-Guano; nous nous contenterons de citer leurs noms sans rapporter leurs analyses, qui ne font que confirmer les résultats déjà mentionnés; ce sont : MM. *Voelcker*, chimiste consultant de la société royale d'agriculture d'Angleterre; — *Anderson*, chimiste de la société d'agriculture des Highlands et d'Écosse, professeur de chimie à l'Université de Glasgow; — *Apjohn*, chimiste de la Société royale d'agriculture d'Irlande, professeur de chimie à l'Université de Dublin; — *Hodges*, professeur d'agriculture à Queen's College, Belfort, et chimiste de la société chimico-agricole d'Ulsten; — *Cameron*, professeur de chimie à la société chimique de Dublin; — *Edmond W. Davy*, professeur de chimie agricole à la société royale de Dublin; — Dr *Stevenson Macadam*, professeur de chimie analytique à l'école des chirurgiens d'Édinburgh; — *le professeur Way* de Londres, ex-chimiste de la société royale d'agriculture d'Angleterre; — feu le Dr *George Wilson*, professeur de technologie à l'université d'Édimbourg; — le professeur *Herapath*, de Bristol.

Nous ne citerons, parmi les opinions de ces savants, que celle du docteur Cameron ; elle suffit pour apprécier les jugements écrits par tant d'autorités. Le docteur Cameron s'exprime ainsi :

« L'excellence du phospho-guano devient évidente, si on le compare à des guanos phosphatés inférieurs ou à d'autres engrais fabriqués avec les os, les caprolithes, l'apatite, etc. Pour chaque, **10** p. 0/0 de phosphates *solubles* contenus dans ceux-ci, on trouve au moins 30 p. 0/0 de sulfate de chaux hydraté, tandis qu'une quantité de matières sans valeur, ou à peu près sans valeur fertilisante, sont *nécessairement* ajoutés par suite des procédés de fabrication. *Pour obtenir, de n'importe laquelle de ces matières, une quantité de phosphate de chaux soluble égale à celle que donne le phospho-guano, il faudrait produire* 70 *p.* 0/0 *de sulfate de chaux hydraté.*

» Le phospho-guano contient, dans son état naturel, de 30 à 35 p. 0/0 d'acide phosphorique anhydre, combiné avec 30 à 40 p. 0/0 de chaux, de magnésie, de soude et d'ammoniaque : *c'est presque le double de la quantité de cet acide que l'on trouve dans les os et les autres substances avec lesquelles on fabrique les superphosphates.*

» Dans le phospho guano, il y a en moyenne 50 p. 0/0 de phosphate de chaux *dont la moitié environ est immédiatement soluble dans l'eau et dont le reste est naturellement plus soluble que le phosphate des os.* »

La pratique agricole a du reste répondu aussi favorablement que les chimistes. D'après des notes que nous a remises M. Lawson, qui, bien qu'intéressé dans la question, peut certainement être considéré comme faisant autorité, à cause de la longue honorabilité de sa maison et du grand crédit qu'il s'est acquis en Angleterre, un total de 498 expériences faites avec le phospho-guano dans la Grande-Bretagne, sur des terres de différentes natures et sur des récoltes de navets, betteraves, fèves, pommes de terre, etc., a donné 487 fois des résultats bons ou très bons, **10** fois des résultats douteux, **1** fois un résultat mauvais. Mais ce qui est surtout remarquable au point de vue de la question que nous achevons d'élucider, c'est que, sur 87 expériences faites comparativement avec le guano du Pérou et le phospho-guano, ce dernier s'est montré supérieur au premier 56 fois ; égal, 27 fois; inférieur, 4 fois seulement.

Nous croyons devoir citer quelques-unes de ces expériences, afin de rendre la démonstration plus complète.

I. — *Le Lincoln-Rutland* et *le Stomford Mercury*, rapportent qu'un concours ayant été ouvert pour la meilleure récolte de navets de Suède par

M. Richardson, le prix, consistant en une coupe d'argent, a été accordé pour le champ ayant reçu du phospho-guano. Chaque concurrent devait opérer sur 2 acres (81 ares environ), et faire la même dépense en engrais par acre (62 fr. 50). La récolte fut constatée le 16 février 1859 par un jury qui avait surveillé l'ensemencement et tous les travaux.

II. — L'expérience suivante a été faite avec le *phospho-guano* et des *os préparés* sur des *navets* globe blanc, à la ferme de Liburne Tower, près Wooler. Les engrais ont été répandus, et l'ensemencement a été fait le même jour, 12 juin 1860.

Les différents lots ont été arrachés, nettoyés et pesés avec soin, sans racines ni feuilles, le 23 janvier 1861. On était sur une terre franche à navets et à orge de qualité médiocre et uniforme, avec sous-sol argilo-sablonneux. Les résultats par acre (40 ares 43) ont été :

| Nature des engrais. | Quantité employée. | Dépense. | Poids de la récolte. |
|---|---|---|---|
| | kil. | fr. c. | kil. |
| Phospho-guano | 203 | 60 » | 26.137 |
| Os dissous de Townsend | 203 | 45 » | 24.527 |
| — de Lawes | 203 | 35 » | 22.419 |
| — de Blayden | 203 | 35 » | 21.396 |
| — de Colbeck | 203 | 37 » | 20.613 |

III. — Des expériences faites chez M. John Scott Dudgeon, à Spylaw, près Kelso, sur des navets de Suède après pommes de terre, ont donné les résultats suivants :

| Nature des engrais. | Dépense par acre. | Produit. |
|---|---|---|
| | fr. c. | kil. |
| Guano du Pérou | 43 75 | 13.444 |
| Phospho-guano | 42 50 | 17.605 |

IV. — M. Robert Hardie, à Harrietfield, Kelso, a obtenu sur navets globe blanc :

| Nature des engrais. | Doses. | Dépense. | Produit. |
|---|---|---|---|
| | kil. | fr. c. | kil. |
| Guano du Pérou | 203 | 70 » | 20.903 |
| Phospho-guano | 203 | 61 80 | 20.903 |

V. — Chez M. Adam Calder, Yetholm Mains, à Kelso, avec une semence formée d'un mélange de navets globe blanc et de bullacte jaune à collet violet, on a eu :

| Nature des engrais. | Quantité. | Dépense par acre. | Produit. |
|---|---|---|---|
| | kil. | fr. c. | kil. |
| Guano du Pérou | 254 | 87 50 | 30.685 |
| Phospho-guano | 254 | 77 50 | 32.319 |

**VI. —** Chez **M.** John Dove d'Eccles, à Newton, Roxburg, dans une terre ayant reçu en automne quinze charretées de fumier de ferme par acre (40 ares 43), on a obtenu en navets, les engrais pulvérulents ayant été ajoutés au moment de la semaille :

| Nature des engrais. | Quantité. | Dépense. | Produit. |
|---|---|---|---|
| | kil. | fr. c. | kil. |
| Guano du Pérou............... | 126.8 | 35 » | 11.517 |
| Phospho-guano................ | 126.8 | 31 25 | 16.844 |

Sur un autre champ, ayant également reçu en automne quinze charretées de fumier de ferme par acre, ensemencé le 23 juin en navets globe blanc, on a trouvé :

| Nature des engrais. | Quantité. | Dépense. | Produit. |
|---|---|---|---|
| | kil. | fr. c. | kil. |
| Guano du Pérou............... | 126.8 | 35 » | 12.935 |
| Phospho-guano................ | 126.8 | 31 25 | 13.293 |

**VII. —** Chez **M.** William Scott, à Mossilee, toujours avec navets, globe blanc, on a trouvé :

| Nature des engrais. | Quantité. | Dépense. | Produit. |
|---|---|---|---|
| | kil. | fr. | kil. |
| Guano du Pérou............... | 203 | 65 | 24.353 |
| Phospho-guano............ .... | 203 | 60 | 24.353 |

**VIII. —** Chez John Munro, à Fairnington, Roxburg, encore avec des *navets de Suède*, on a obtenu :

| Nature des engrais. | Dépense par acre. | Produit. |
|---|---|---|
| | fr c. | kil. |
| Phospho-guano............................ | 46 50 | 13.800 |
| Guano de Bolivie............................ | 53 50 | 13.597 |
| Os dissous et phospho........................ | 49 15 | 12.398 |
| Os dissous et guano de Bolivie................. | 49 75 | 11.771 |

**IX. —** Chez **M. R.** Ewart, à Borgne House, Kirkendbright, *navets de Suède* (Ashcroft's Swede), on a :

| Nature des engrais. | Dépense. | Produit. |
|---|---|---|
| | fr. c. | kil. |
| Guano du Pérou............................ | 63 15 | 18.280 |
| Phospho-guano............................. | 64 75 | 19.709 |

**X. — M. A.-B.** Telfer, agriculteur du comté d'Ayr, bien connu par un grand nombre d'expériences, notamment sur l'emploi des engrais liquides, s'exprime ainsi, au sujet de la comparaison du phospho-guano avec d'autres engrais :

« On s'accorde à reprocher au guano du Pérou le désavantage de favoriser la pousse de la moutarde sauvage, tandis que dans le même champ, on en voit à peine un pied dans les parcelles fumées avec le phospho-guano. Voici, à ce sujet, ce que dit **M.** Smith d'un essai fait sur de l'orge : « L'orge fumée avec le phospho-guano leva plus tôt » que celle qui avait reçu du guano du Pérou ; il y avait moitié plus » de pieds, absence complète de moutarde sauvage. Elle fut bonne à » récolter quinze jours plus tôt, tandis que la parcelle fumée avec le » guano du Pérou était tellement étouffée par la moutarde sauvage, » qu'elle mûrit imparfaitement. Les tiges de la moutarde étaient si » fortes, qu'elles furent très difficiles à couper. M. Hendrie, de Bilston » a constaté le même fait dans de l'avoine, quoique à un degré moins » prononcé. »

Les résultats suivants, d'expériences faites avec différents engrais du commerce, sont intéressants à connaître. Dans le plus grand nombre des cas, on a constaté un avantage en faveur du *phospho-guano* s'élevant dans quelques-uns jusqu'à 25 p. 0/0, tandis que, dans les cas où le *guano du Pérou* l'a emporté, l'avantage n'est pas de plus de 5 p. 0/0. Dans une expérience sur l'*avoine*, indépendamment de ce qu'il a été récolté avec le phospho-guano, 9 *quarters* 1/2, contre 8 *quarters* 3/4 avec le guano du Pérou (le quarter égale 290 lit. 75); la valeur de l'avoine estimée par **M.** Dykes du Moulin hollandais, à Ayr, était de **2** fr. **50** par *quarter* supérieur pour le phospho-guano : soit, pour la valeur de la récolte d'une acre (40 ares 43) : phospho-guano, 296 fr. 85 ; guano du Pérou, 251 fr. 55.

La supériorité du phospho-guano pour les betteraves et les fèves est très marquée, comme le prouvent des essais faits à la ferme de Bilston, Ayr, sous la direction de **M. J.** Hendrie :

1° Sur des *navets* semés le 1er juillet et récoltés le 9 novembre 1860, dans une argile compacte mal drainée, on a trouvé :

| Nature des engrais. | Dépense à raison de | | | | | Produit |
|---|---|---|---|---|---|---|
| — | | | | | | — |
| | fr. | c. | kil. | fr. | c. | kil. |
| Phospho-guano | 15 | » | le quintal (50.73) | 95 | 60 | 15.682 |
| Guano du Pérou | 15 | 90 | — | 95 | 60 | 12.856 |
| Guano de l'Amérique du Sud | 7 | 50 | — | 95 | 60 | 9.195 |

2° Avec des navets semés le 12 juin, arrachés le 8 novembre, on a trouvé :

| Nature des engrais. | Dépense en engrais moitié fumier de ferme. | | Produit. |
|---|---|---|---|
| — | — | | — |
| | fr. | c. | kil. |
| Phospho-guano | 47 | 50 | 23,092 |
| Guano du Pérou, 1re qualité | 47 | 50 | 24,304 |
| Guano sud-américain de Stepheus et Cie (Glasgow) | 47 | 50 | 21,674 |

3° Avec de l'avoine, on a eu :

| Nature des engrais. | Quantité par acre. | Poids. |
|---|---|---|
| — | — | — |
| | kil. | kil. |
| Phospho-guano | 152 | 1.228.687 |
| Guano du Pérou | 152 | 1,130.292 |

4° Une expérience faite à Cunning Park, Ayt, chez M. W. Walker, sur des betteraves semées le 1er mai, arrachées le 25 octobre, a donné :

| Nature des engrais. | Quantité avec une demi-fumure de fumier de ferme. | Produit par acre. |
|---|---|---|
| — | — | — |
| | kil. | kil. |
| Phospho-guano | 152 | 28.412 |
| Guano du Pérou | 152 | 23.084 |

XI. — Des expériences faites chez M. John Barclay, au château de Sandertone, East Neuk de Fife, sur des navets blancs avec le phospho-guano et le guano du Pérou, à poids égal, ont donné :

| Nature des engrais. | Produit par acre. | |
|---|---|---|
| | 1re expérience. | 2e expérience. |
| — | — | — |
| | kil. | kil. |
| Phospho-guano | 35.985 | 34.957 |
| Guano du Pérou | 32.779 | 31.474 |

XII. — *Le North British agriculturist* rapporte en ces termes des expériences faites chez M. Richard Todd, au château de Balcomie, Fifeshire :

« Avec des navets jaunes à collet violet (Shirving's), semés le 12 juin 1858, arrachés et pesés le 11 janvier 1859, dans un sol léger, on a eu :

| Nature des engrais. | Quantité. | Dépense. | Produit par acre écossaise. |
|---|---|---|---|
| — | — | — | — |
| | kil. | fr. c. | kil. |
| 1. Guano du Pérou | 355 | 120 30 | 21 026 |
| 2. Phospho-guano | 355 | 105 » | 24.576 |
| 3. Pas d'engrais | » | » | 13.445 |
| 4. 14 doubles charretées de fumier de ferme, à 6 fr. 25 | » | 87 50 | 15.484 |
| 5. 14 *idem*, et 177 k. phospho-guano | » | 140 » | 20.000 |

Dans un sol argileux, sur la même nature de récolte, avec les mêmes quantités d'engrais, on a trouvé encore par acre écossaise :

| Nature des engrais. | Produit. |
|---|---|
| — | — |
| | kil. |
| 1. Phospho-guano | 21.329 |
| 2. Guano du Pérou | 15.920 |
| 3. Pas d'engrais | 5.834 |
| 4. Fumier de ferme | 10.086 |
| 5. Fumier de ferme et phospho-guano | 18.518 |

XIII. — Chez M. Poustie de Carstairs Mains, Lanarck, on a obtenu avec des pommes de terre et en employant du *phospho-guano*, mis en comparaison avec le *guano du Pérou de Gibbs* à dose égale par acre écossaise.

| Nature des engrais. | Quantité employée. | Produit par acre écossaise. |
|---|---|---|
| | kil. | kil. |
| Phospho-guano................. | 254 | 10.045 |
| Guano du Pérou............... | 254 | 8.929 |
| Phospho-guano................. | 127 | 8.929 |
| Fumier de ferme.............. | 11.414 | |

XIV. — *Expériences faites en France.* — Les navets sont peu cultivés en France, et il était par conséquent intéressant de savoir si, pour nos récoltes habituelles, on arriverait chez nous à des résultats identiques à ceux constatés en Angleterre. L'expérience a été faite l'an dernier en Sologne, sur la ferme impériale de la Motte-Beuvron et sur celle de la Grillaire, puis dans les Landes, encore sur les terres du domaine impérial. Voici les résultats qui nous ont été communiqués :

A la Motte-Beuvron, sur une pièce d'avoine de printemps de 1 hect., le phospho-guano, à la dose de 200 kil., coûtant 66 fr. 60 c., a produit 1,940 kil. de grain et 2,110 kil. de paille, d'une valeur totale de 334 fr. 90 c.

Le guano du Pérou, à la même dose, coûtant 74 fr., a produit 1,975 kil. de grain et 2,100 kil. de paille, valant 339 fr. 50 c. La différence de dépense des deux engrais étant de 7 fr. 40 c. en faveur du phospho-guano et celle du produit du guano du Pérou étant de 4 fr. 60 c. seulement, le premier a donné une économie de 2 fr. 80.

Sur 1 hect. de prairie naturelle, 150 kil. de phospho-guano, coûtant 49 fr. 95 c., ont donné 2,650 kil. de foin, valant 212 fr. La même quantité de guano du Pérou ayant coûté 55 fr. 50 c., a produit 2,500 kilog. de foin valant 200 fr. Le phospho-guano a produit une augmentation de récolte de 150 kil., valant 12 fr. Il a coûté 5 fr. 50 moins cher que le guano du Pérou ; il a donc réalisé une économie de 17 fr. 50 par hectare.

A la ferme impériale de la Grillaire (Sologne), sur une pièce de 5 hect., divisée en parties égales, ces deux engrais ont donné les résultats suivants, à la dose de 250 kil., coûtant : le guano du Pérou, 229 fr., le phospho-guano 205 fr. 87 :

Le guano du Pérou, 115 hect. d'avoine et 6,682 kil. de paille, valant 1,005 fr. 46 c.;

Le phospho-guano, 111 hect. d'avoine et 6,792 kil. de paille, valant 980 fr. 76 c.

Ici, les différences du prix des engrais et des produits se compensent à 1 fr. 57 près.

Au domaine impérial des Landes, une dépense de 100 fr. pour chaque engrais, mis en comparaison, a donné les résultats suivants en poids, sur une prairie naturelle :

| | kil. de foin. |
|---|---|
| Sur 1 hect., avec 100 fr. de fumier de ferme.. | 2.437 |
| — de phospho-guano... | 2.437 |
| — de guano humifère.. | 2.200 |
| — sans engrais................... | 1.155 |

Sur 2 hectares 25 ares, ayant reçu, à la Motte-Beuvron, 250 kilog. de guano du Pérou, coûtant 205 fr. 50, on a récolté 41 hect. d'orge et 3,487 kilog. de paille, valant 593 fr. 60.

Sur la même surface, dans les mêmes conditions, avec 250 kilog. de phospho-guano, coûtant 184 fr. 69, on a obtenu 54 hect. d'orge et 3,456 kilog. de paille, valant 751 fr. 68. Le phospho-guano a donc donné, par l'économie de son prix d'achat et par une plus grande valeur de un tiers de récolte, un bénéfice, par hectare, de 79 fr. 50.

On voit d'après ces expériences que le phospho-guano, sauf un seul cas, s'est constamment montré supérieur au guano du Pérou et qu'il a donné, sur celui-ci, une économie de 22 fr. 28 par hectare, moyenne des quatre expériences précitées.

Ainsi, le guano, beaucoup plus riche en principes azotés qu'en principes phosphatés (ceux-ci étant d'ailleurs peu solubles), a, le plus souvent, moins d'efficacité que le phospho-guano que l'on s'est attaché à rendre particulièrement riche en principes phosphatés solubles, et quoique celui-ci renferme beaucoup moins de principes azotés.

## V. — *Conclusions.*

Les faits que nous venons de rapporter peuvent se résumer ainsi :

1° Les engrais n'agissent pas toujours proportionnellement aux principes élémentaires qu'ils renferment; leur efficacité provient surtout des principes immédiats, dans lesquels les corps simples sont engagés;

2° La solubilité des principes immédiats des engrais est une des principales conditions de leur action sur la végétation;

3° Il est très vrai que les principes azotés et phosphatés sont les plus importants dans les engrais ; mais toujours ces principes doivent être solubles, et, en outre, se trouvent entre eux dans un certain rapport, qui dépend des récoltes qu'on se propose d'obtenir, et du sol sur lequel on doit opérer;

4° On peut admettre que, de deux engrais, le meilleur sera généralement celui dans lequel, pour 3 à 4 p. 0/0 de principes azotés facilement disposés à fournir de l'ammoniaque ou des azotates, il y aura le plus de phosphates solubles, comme cela arrive dans le phospho-guano.

Ces faits ont la plus grande importance, tant au point de vue de la pratique agricole, qu'au point de vue de la théorie de la nutriton des plantes. Ils sont de nature à jeter un jour nouveau sur la physiologie végétale et, par conséquent, ils devraient être soumis à l'appréciation des hommes de science pure aussi bien qu'à celle des agriculteurs de profession.

---

Paris. — Imprimerie de DUBUISSON et Ce, rue Coq-Héron, 5.

www.ingramcontent.com/pod-product-compliance
Ingram Content Group UK Ltd.
Pitfield, Milton Keynes, MK11 3LW, UK
UKHW022141260726
13993UKWH00005B/2083

9 782329 410258